운동의 법칙을 혼자 발견해 놓고
수십 년 동안 입을 다물었던 외로운 천재,
아이작 뉴턴의 물리학 세계로 들어가 봅시다.

나의 첫 과학책 3

사과나무에서 사과가 툭!
아이작 뉴턴

박병철 글 | 이예숙 그림

휴먼
어린이

과학에는 수학, 물리학, 화학, 공학, 천문학, 생물학 등 참 많은 분야가 있습니다.
그중에서 수학은 모든 과학 분야에 골고루 사용되는 '언어'와 같습니다.
여러분이 자기 생각을 표현할 때 한글을 사용하는 것처럼 말이지요.
그리고 자연에서 일어나는 현상을 수학적으로 설명하는 분야를
물리학이라고 합니다. 그러니까 물리학은 수학을 제외한
모든 과학의 기초인 셈이지요.

이 책은 물리학을 중요한 과학 분야로 만들어 놓은
한 외로운 천재에 관한 이야기입니다.
그는 종교와 미신이 세상의 전부였던 시대에 태어나
평생 결혼을 하지 않고 가까운 친구도 없이 혼자 외롭게 살았습니다.
그러나 그는 자신의 머릿속에 물리학이라는 거대한 성을 짓고
물리학의 중요한 개념과 계산법을 차곡차곡 쌓아 나갔지요.
우리에게 '과학적으로 생각하는 방법'을 알려 준 천재 중의 천재,
그의 이름은 **아이작 뉴턴**이었습니다.

뉴턴은 1642년 12월 25일에
영국의 울즈소프라는 작은 시골 마을에서 태어났습니다.
크리스마스에 태어났으니 축복받은 삶을 살았을 것 같지만,
사실은 전혀 그렇지 않았습니다.
그의 아버지는 뉴턴이 태어나기 몇 달 전에 병으로 세상을 떠났고,
어머니는 뉴턴이 세 살 되던 해에 다른 남자를 만나 다시 결혼을 했습니다.
그런데 새아버지가 뉴턴과 같이 살기를 원하지 않았기 때문에
뉴턴은 어린 시절을 외할머니 집에서 보내야 했지요.

뉴턴은 어머니와 자신을 갈라놓은 새아버지를 몹시 원망하면서
바깥세상과 점점 담을 쌓아 갔습니다.
혼자 방에 틀어박혀 많은 시간을 보냈던 그는
바닥에 드리워진 창문 그림자가 움직이는 것을 주의 깊게 관찰하다가
태양의 그림자로 시간을 측정하는 해시계를 만들었지요.
그의 시계가 얼마나 정확했는지, 마을 사람들은 시간이 궁금할 때마다
뉴턴의 집으로 모여들곤 했답니다.

사실 어린 시절에 뉴턴은 그다지 똑똑한 아이가 아니었습니다.
학교에서도 공부에 집중하지 못하고 툭하면 친구들과 싸우다가
집으로 돌아오면 답답한 마음을 일기장에 적어 놓곤 했지요.

"나는 아무짝에도 쓸모없어. 이 세상에는 내 자리가 없는 것 같아.
이런 내가 앞으로 무슨 일을 할 수 있을까? 정말 모르겠어……."

외로운 세월도 흐르고 흘러, 뉴턴은 어느새 19살이 되었습니다.
어머니는 그가 아버지의 뒤를 이어 농부가 되기를 원했지만,
외삼촌의 도움으로 케임브리지 대학교에 입학할 수 있었지요.
그런데 어머니가 학비를 대 주지 않았기 때문에
뉴턴은 부잣집 학생들의 하인 노릇을 하며 학비를 벌어야 했습니다.

혼자 있기 좋아하는 뉴턴의 성격은 대학생이 된 후에도 달라지지 않았습니다.
그는 수업이 없을 때에는 항상 도서관에서 책을 읽었는데,
그곳이 사람들과 말을 섞지 않아도 되는 유일한 장소였기 때문이지요.
그리고 책을 읽을 때마다 떠오르는 생각을 노트에 써 내려갔습니다.

아리스토텔레스는 나의 길을 안내해 주는 친구다. 그러나 나의 가장 친한 친구는 사람이 아니라 진리이다.

1664년이 저물어 가던 어느 날, 하늘에 혜성이 나타났습니다.
뉴턴은 며칠 밤을 꼬박 새우며 혜성이 가는 길을 눈으로 확인한 후
자신이 생각해 낸 이론으로 정확한 궤적을 계산했지요.
하지만 세상 사람들은 혜성이 불길한 징조라고 생각했습니다.
그리고 바로 다음 해 1월부터 영국 전체가 지옥으로 변했습니다.
유럽 대륙을 공포로 몰아넣은 흑사병이 영국에도 퍼졌기 때문입니다.

● **혜성** 태양계를 떠도는 얼음 먼지 덩어리. 긴 꼬리를 그리면서 날아가기 때문에 지구와 가까워지면 맨눈으로도 볼 수 있습니다.

● **궤적** 움직이는 물체가 따라가는 길. 회전목마의 궤적은 원이고, 날아가는 야구공의 궤적은 포물선이지요. 혜성은 '타원'이라는 궤적을 그립니다.

흑사병(페스트)은 쥐벼룩이 옮기는 전염병입니다.
그러니까 쥐를 없애고 주변 환경을 깨끗하게 청소하면 얼마든지 막을 수 있지요.
하지만 뉴턴 시대의 사람들은 이 사실을 까맣게 몰랐기 때문에
누군가가 흑사병에 걸리면 치료를 포기하고
무조건 도망가는 수밖에 없었습니다.

흑사병 때문에 모든 학교가 문을 닫았고,
뉴턴도 어쩔 수 없이 고향인 울즈소프의 농장으로 피신했습니다.
평범한 사람이었다면 그곳에서 편하게 쉬었겠지만, 뉴턴은 바로 그 1년 동안
과학 역사상 가장 위대한 업적을 이루어 냈습니다.
전염병을 피해 고향으로 돌아온 것이 그에게는
오히려 득이 되었던 거지요.

관성의 법칙

뉴턴이 울즈소프에서 했던 일을 알아볼까요?

가장 먼저, 그는 '운동의 세 가지 법칙'을 알아냈습니다.

그중 첫 번째는 '움직이는 물체는 계속 움직이려 하고,

가만히 있는 물체는 계속 가만히 있고 싶어 한다.'는 **관성의 법칙**입니다.

달리던 자동차가 갑자기 멈췄을 때 몸이 앞으로 쏠리는 것은

바로 이 관성의 법칙 때문이랍니다.

움직이던 몸은 차가 정지해도 계속해서 앞으로 움직이려 하기 때문에

무언가를 꽉 잡지 않으면 앞으로 넘어지게 되지요.

가속도의 법칙

두 번째 법칙은 '물체에 힘을 세게 줄수록 물체의 속도가 많이 변한다.'는
가속도의 법칙입니다. 멈춰 있는 공을 약한 힘으로 차면
속도가 조금만 변하기 때문에 멀리 날아가지 않지만,
강한 힘으로 차면 속도가 많이 변하여 멀리 날아갑니다.
즉 '물체에 가해진 힘을 알면 물체가 어떻게 움직일지 미리 알 수 있다.'는 뜻이지요.

작용과 반작용의 법칙

세 번째 법칙은 **작용과 반작용의 법칙**입니다.
'물체 A가 다른 물체 B에게 힘을 가하면 B는 가만히 당하고만 있지 않고,
받은 힘만큼 A에게 되돌려 준다.'는 법칙이지요.
A가 준 힘을 작용이라 하고, B가 준 힘을 반작용이라고 하는데,
이때 작용과 반작용은 서로 바꿔서 불러도 상관없습니다.
우주 로켓이 위로 날아오를 수 있는 것은
아래로 가스를 분출하는 힘(작용)에 대하여
로켓을 위로 밀어 올리는 힘(반작용)이 작용하기 때문입니다.

이것만 해도 역사에 길이 남을 업적인데 아직 끝이 아닙니다.
뉴턴은 농장에 있는 사과나무 밑에서 생각에 잠겼다가 떨어지는 사과를 보고
'질량을 가진 물체는 서로 잡아당긴다.'는 **중력의 법칙**까지 발견했습니다.
그리고 이 법칙을 이용하여 지구와 달의 궤도는 물론이고
밀물과 썰물이 일어나는 이유까지 알아냈지요.
지금까지 말한 법칙이 과학에서 중요한 이유는
이들이 지구 근처에서만 성립하는 것이 아니라
우주 어느 곳에서나 한결같이 성립하기 때문입니다.

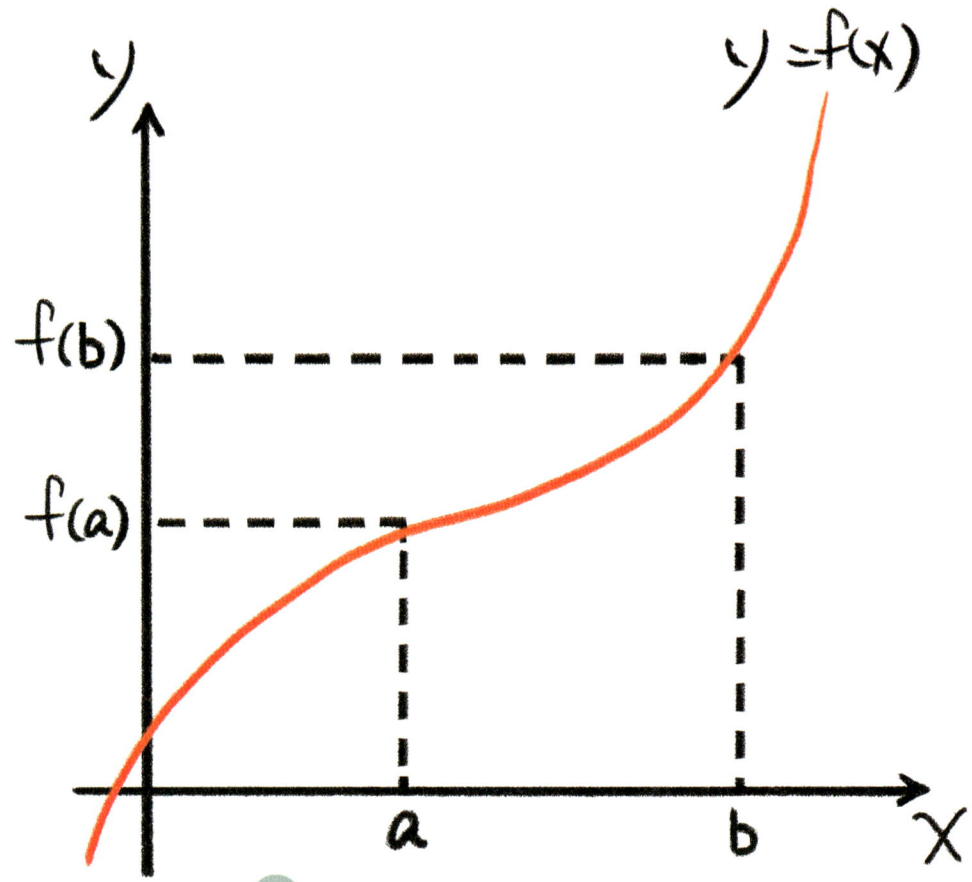

우주 만물은 신의 명령을 따르는 것이 아니라
정교하게 짜인 수학 법칙을 따라 움직이고 있었습니다.
뉴턴은 자신이 발견한 법칙을 수학적으로 표현하기 위해
'미적분학'이라는 새로운 계산법을 개발했지요.
자연을 연구하는 학문이 뜬구름 잡는 듯한 철학에서 벗어나
'수학'이라는 새로운 옷을 입게 된 것입니다.

그러나 뉴턴은 정말로 특이한 사람이었습니다.
다른 과학자가 이렇게 중요한 사실을 알아냈다면
당장 발표해서 세상을 떠들썩하게 만들었을 텐데,
뉴턴은 그 후로 20년 동안 아무에게도 말하지 않고 혼자만 알고 있었습니다.
지금이라면 노벨상을 서너 개쯤 받고도 남을 정도로 엄청난 일을
혼자서 1년 동안 해내고 입을 다물었다니, 정말 믿어지지가 않습니다.
그래서 사람들은 뉴턴이 흑사병을 피해 울즈소프에 머물렀던
1666년을 '기적의 해'라고 부른답니다.

다행히도 흑사병은 1667년부터 조금씩 누그러지기 시작했고,
케임브리지 대학교로 돌아온 뉴턴은 25살에 교수가 되었습니다.
지난 1년 동안 그가 무슨 일을 했는지 아무도 몰랐지만,
천재는 입을 다물고 있어도 빛을 발하나 봅니다.
이때부터 뉴턴은 학생들을 가르치기 시작했는데,
내용이 너무 어려워서 이해하는 학생이 단 한 명도 없었습니다.
자연을 수학적으로 이해하는 능력은 세계 최고였지만,
다른 사람에게 설명하는 능력은 빵점이었던 거지요.

이 무렵에 뉴턴은 빛의 신기한 성질에 매료되어
광학이라는 분야를 열심히 파고들었습니다.
빛이 프리즘*을 통과하면 무지개색으로 갈라진다는 것도
뉴턴이 처음으로 알아냈답니다.

● 프리즘 삼각기둥 모양으로 길게 자른 유리.
빛이 프리즘을 통과하면 색에 따라
휘어지는 각도가 다르기 때문에
여러 색이 넓게 퍼져서 나타나지요.

뉴턴은 운동 법칙과 중력 법칙을 혼자만 알고 있었지만,
광학에 대해서는 연구 결과를 조심스럽게 발표했습니다.
그런데 같은 시기에 빛을 연구했던 로버트 후크라는 물리학자가
뉴턴이 쓴 글을 읽고 몹시 흥분해서 거친 말을 쏟아부었습니다.

후크

남의 이론을 베끼려면 제대로 베껴야지, 그 무슨 말도 안 되는 헛소리요?

저는 당신의 이론을 베끼지 않았습니다. 전부 실험으로 확인한 겁니다.

뉴턴

실험은 나도 했소. 당신보다 훨씬 오래 했다고!

실험을 했다는 분이 제 이론을 이해하지 못하다니, 이상하군요.

거짓말 마! 당신은 내 생각을 베꼈고, 그것도 잘못 베껴서 완전히 틀린 이론이 되어 버렸어. 당신은 정말 파렴치한 인간이야!

그 후로도 두 사람은 편지를 주고받으며 격한 논쟁을 벌였고, 뉴턴은 후크의 비난에 이루 말할 수 없는 상처를 받았습니다. 원래도 사람들과 어울리기 싫어했던 뉴턴은 이 일을 계기로 마음속의 빗장을 완전히 잠가 버렸습니다. 그리고 한동안 물리학을 뒷전으로 밀어 놓고 연금술*이라는 이상한 분야를 파고들기 시작했지요.

* **연금술** 납이나 구리 같은 값싼 금속을 금이나 은처럼 비싼 금속으로 바꾸는 비법. 물론 말도 안 되는 생각이지만, 뉴턴이 살던 시대는 연금술에 평생을 바친 과학자들이 많이 있었습니다.

누구야?

연금술사래.

또 뉴턴은 성경책을 분석하는 데에도
이상할 정도로 열심이었습니다.
그가 여러 가지 분야에 남긴 글을 보면
'직업은 신학자인데 연금술에 관심이 많고
물리학은 가끔 취미로 연구했던 사람'이라는
느낌이 들 정도입니다. 아무리 설명해도
알아듣지 못하고 화만 내는 사람들에게
굳이 자기 생각을 이해시키려 애쓸
필요가 없다고 생각했을 겁니다.

1682년의 어느 날, 런던 하늘에 엄청나게 밝은 혜성이 나타났습니다. 젊은 천문학자였던 에드먼드 핼리는 그 후 2년 동안 혜성의 궤도를 분석하다가 끝내 답을 알아내지 못하여 뉴턴을 찾아가 물어보았습니다.

1682

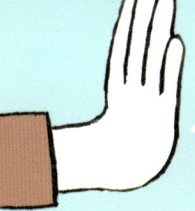

뉴턴은 책을 쓸 생각이 없다며 완강하게 거절했지만,
핼리의 고집은 천하의 뉴턴도 꺾을 수 없을 정도로 막무가내였습니다.
그리하여 뉴턴은 자신의 생각을 조금씩 써 내려가기 시작했지요.
그리고 그로부터 3년이 지난 1687년에 총 세 권으로 이루어진
《프린키피아》가 완성되었습니다.

한 사람의 머릿속에 무려 20년 동안 잠들어 있던
보물 같은 지식이 핼리의 고집 덕분에
드디어 빛을 보게 된 것입니다.
뉴턴은 젊었을 때 떠올렸던 운동의 법칙과 중력 법칙 등을
작은 옷에 살을 욱여넣듯이 꽉꽉 눌러 담았습니다.

그 후로 뉴턴은 케임브리지 대학교에서 '아무도 이해하지 못하는 책을 쓴 사람'으로 알려졌습니다. 책의 내용이 그만큼 어려웠다는 뜻이겠지요.
과학을 과학답게 만든 책 《프린키피아》는 지금도 '인류 최고의 유산'으로 남아 있답니다.

뉴턴이 자신의 지식을 책으로 남긴 것은
후세 사람들에게 너무나도 다행한 일이었지만,
정작 자신은 별로 이득을 보지 못했습니다.
게다가 로버트 후크는 자신이 중력 법칙을
제일 먼저 알아냈다고 우기면서
또다시 뉴턴을 괴롭히기 시작했지요.

물론 후크가 중력 법칙을
알고 있었던 것은 사실입니다.
그러나 후크는 어렴풋이 짐작만 했을 뿐이고,
그것을 정확하게 증명한 사람은
누가 뭐라 해도 뉴턴이었습니다.
혼자 조용히 진리를 탐구하면서 살고 싶은데
물리학 이야기만 하면 서로 헐뜯고 싸우는 세상……
뉴턴은 이런 각박한 세상에서 벗어나고 싶었습니다.

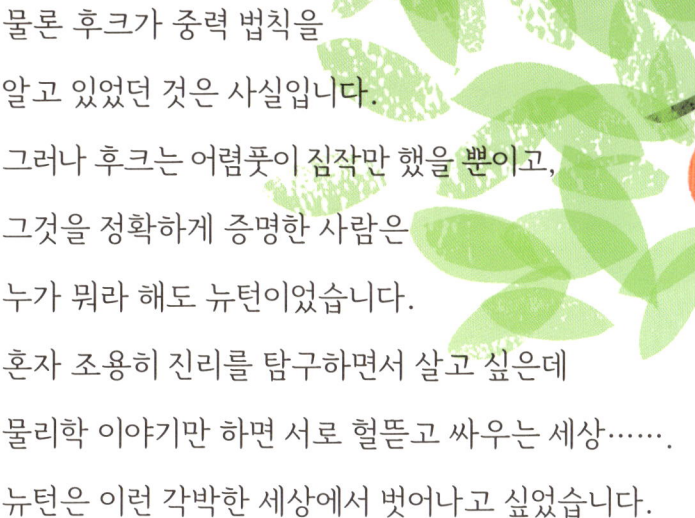

그 후 뉴턴은 물리학 연구를 중단하고 정치에 관심을 갖기 시작했습니다.
1688년에 대학교를 대표하는 국회 의원으로 뽑혔고,
1691년에는 돈을 만드는 조폐국에서 일하며
위조지폐범을 체포하는 등 엉뚱한 곳에서 실력을 발휘했지요.

나에겐 다 계획이 있지.

당시 영국에서는 금으로 만든 동전을 돈으로 쓰고 있었는데,
동전 테두리를 갈아서 금을 따로 모으는 범죄자들이 큰 골칫거리였습니다.
그래서 뉴턴은 동전 테두리에 톱니바퀴처럼 무늬를 새겨 넣어서
동전을 갈아 내면 금방 표가 나도록 만들었습니다.
지금 우리도 이런 모양의 동전을 사용하고 있으니,
역시 천재는 어떤 분야에서 일을 해도 흔적을 남기나 봅니다.

그 무렵 영국의 자연 과학 학회 회장은 로버트 후크였는데,
1703년에 그가 세상을 떠나자 사람들은 기다렸다는 듯이
뉴턴을 새 회장으로 뽑았습니다.
물리학을 뒷전으로 밀어 놓고 10년이 넘도록 다른 일을 했는데도
뉴턴의 이름은 이미 영국을 넘어 유럽 전체에 알려져 있었지요.

사람들은 갈릴레이와 뉴턴이 활동했던 시대를 '과학의 혁명기'라고 부릅니다.
새로운 과학이 탄생한 시대라는 뜻이지요.
물론 그 혁명의 중심에는 뉴턴이 있었습니다.
과학자가 자신의 상상력을 마음껏 펼쳐도
갈릴레이처럼 벌을 받지 않아도 되는 세상,
뉴턴은 그런 세상의 틀을 다져 놓고 1727년에 조용히 눈을 감았습니다.

그로부터 약 250년 후, 그 유명한 아인슈타인이 등장하면서
물리학은 다시 커다란 변화를 겪게 됩니다.
그러나 새로 등장한 물리학은 뉴턴의 이론을 조금 수정했을 뿐,
기본적인 틀은 그대로 남아 있습니다.
앞으로 세월이 아무리 많이 흘러도 뉴턴의 물리학은 여전히 빛을 발하며
과학의 앞길을 밝혀 줄 것입니다.

무시무시한 흑사병

1665~1666년에 영국에 흑사병이 돌았을 때 런던 인구 중 7만 명이 사망했습니다.
이 정도면 도시 전체가 완전히 마비되는 수준입니다.
뉴턴이 흑사병을 피해 고향으로 간다고 해도, 살아남는다는 보장은 없었습니다.
흑사병은 쥐(사실은 쥐의 몸에 붙어사는 벼룩)가 옮기는 전염병입니다.
뉴턴이 1년 남짓한 기간 동안 '자가 격리'를 했던 울즈소프의 농장에도 쥐가 들끓었을 텐데,
신기하게도 그 동네에서는 흑사병에 걸린 사람이 거의 없었습니다.
그 덕분에 뉴턴은 안전한 환경에서 연구를 계속할 수 있었지요.
하늘이 천재 뉴턴을 보호한 것일까요?

뉴턴이 살았던 울즈소프의 고향집

울즈소프 농장에 있던 사과나무

그 시대에 뉴턴만큼 똑똑한 사람은 다른 곳에도 분명히 있었을 겁니다.
하지만 흑사병이 휩쓸고 지나가면서 아까운 인재들이 많이 죽었습니다.
케임브리지 대학에서만 700명이 넘는 사망자가 발생했는데,
지금보다 인구가 훨씬 적었던 당시에는 정말 많은 숫자였지요.
학교가 거의 초토화되었다고 해도 과언이 아닙니다.
전염병은 똑똑한 사람이라고 해서 특별히 봐주지 않기 때문에, 한번 병이 돌기 시작하면
연구 업적을 남기는 것보다 건강하게 살아남는 것이 훨씬 중요합니다.
요즘 유행하는 코로나 바이러스도 일종의 전염병이므로
건강한 몸을 유지하려면 무조건 방역 수칙을 잘 지켜야 합니다.
여러분 중에 훗날 뉴턴처럼 위대한 과학자가 분명히 나올 테니까요!

흑사병이 유행하던 당시 런던의 모습을 그린 그림들

나의 첫 과학 탐구

정말 모든 물체가 서로를 잡아당길까?

그렇습니다. 모든 물체들은 무조건 상대방을 잡아당깁니다.
여기에 예외는 없습니다. 이 힘을 '중력'이라고 하지요.
물체의 질량이 클수록, 그리고 두 물체의 거리가 가까울수록
중력은 강해집니다. 반대로 물체의 질량이 작을수록,
그리고 거리가 멀수록 중력은 약해지지요.
우리가 사과의 무게를 느끼는 것은
지구와 사과 사이에 작용하는 중력 때문인데,
지구는 엄청나게 크고 무겁기 때문에
둘 사이에 작용하는 중력도 그만큼 강합니다.
물론, 그래 봐야 사과를 한 손으로 들었을 때
느껴지는 무게 정도밖에 안 되지만,
집채만 한 바위의 무게를 생각하면
중력은 절대로 만만한 힘이 아닙니다.

사과는 지구의 중력에 끌려 아래로 떨어지는데,
식탁 위에 놓인 사과 두 개는 왜 서로 잡아당기지 않는 걸까요?
그 이유는 '사과와 사과 사이의 중력'이
'지구와 사과 사이의 중력'보다 훨씬 약하기 때문입니다.
사과는 지구보다 작습니다. 그냥 작은 정도가 아니라 너무 너무 너무 작습니다.
그러므로 사과와 사과 사이에 작용하는 중력은
지구와 사과 사이에 작용하는 중력에 비해 너무 너무 너무 약하겠지요.
게다가 사과 두 개는 허공에 둥둥 떠 있지 않고 식탁이나 바닥에 놓여 있을 텐데,
이런 경우에는 사과와 바닥 사이에
'마찰력'이라는 힘이 작용해서 사과가 움직이는 것을 방해합니다.
이 마찰력이 '사과와 사과 사이의 너무 너무 너무 작은 중력'보다
훨씬 크기 때문에, 식탁 위에 놓인 사과 두 개가 서로 들러붙지 않는 것입니다.
만일 텅 빈 우주 공간에 사과 두 개만 달랑 갖다 놓는다면,
사과가 움직이는 것을 방해하는 마찰력이 없으니까
두 사과는 중력 때문에 서서히 가까워지다가 하나로 들러붙을 것입니다.

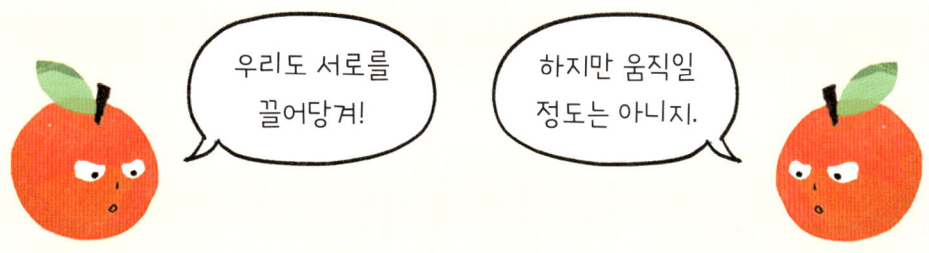

글 박병철

연세대학교 물리학과를 졸업하고 한국과학기술원(KAIST)에서 이론물리학 박사 학위를 받았습니다. 30년 가까이 대학에서 학생들을 가르쳤으며 지금은 집필과 번역에 전념하고 있습니다. 어린이 과학동화 《별이 된 라이카》, 《생쥐들의 뉴턴 사수 작전》, 《외계인 에어로, 비행기를 만들다!》를 썼습니다. 2005년 제46회 한국출판문화상, 2016년 제34회 한국과학기술도서상 번역상을 수상했으며, 옮긴 책으로는 《페르마의 마지막 정리》, 《파인만의 물리학 강의》, 《평행우주》, 《신의 입자》, 《슈뢰딩거의 고양이를 찾아서》 등 100여 권이 있습니다.

그림 이예숙

어릴 때부터 그림 그리고 만드는 걸 좋아했습니다. 대학에서는 동양화를 전공했고, 그림책 작가, 그림책 공연가, 팝업 아티스트로 활동하고 있습니다. 의미 있고 재미있는 작업을 많이 하고 싶습니다. 쓰고 그린 책으로 《이상한 동물원》, 《우리 곧 사라져요》가 있고, 그린 책으로 《피자 선거》, 《사라진 조우관》, 《고양이 민국이와 사람 민국이》, 《솜사탕 결사대》, 《내가 하고 싶은 일, 방송》 등이 있습니다.

나의 첫 과학책 3 — 아이작 뉴턴

1판 1쇄 발행일 2022년 9월 26일

글 박병철 | 그림 이예숙 | 발행인 김학원 | 편집 이주은 | 디자인 기하늘
저자·독자 서비스 humanist@humanistbooks.com | 용지 화인페이퍼 | 인쇄 삼조인쇄 | 제본 영신사
발행처 휴먼어린이 | 출판등록 제313-2006-000161호(2006년 7월 31일) | 주소 (03991) 서울시 마포구 동교로23길 76(연남동)
전화 02-335-4422 | 팩스 02-334-3427 | 홈페이지 www.humanistbooks.com

글 ⓒ 박병철, 2022 그림 ⓒ 이예숙, 2022
ISBN 978-89-6591-459-4 74400
ISBN 978-89-6591-456-3 74400(세트)

- 이 책은 저작권법에 따라 보호받는 저작물이므로 무단 전재와 무단 복제를 금합니다.
- 이 책의 전부 또는 일부를 이용하려면 반드시 저작권자와 휴먼어린이 출판사의 동의를 받아야 합니다.
- **사용연령 6세 이상** 종이에 베이거나 긁히지 않도록 조심하세요. 책 모서리가 날카로우니 던지거나 떨어뜨리지 마세요.